Arun T
Kamalesu S
Subramanian S

Complexos metálicos de base de Schiff

Arun T
Kamalesu S
Subramanian S

Complexos metálicos de base de Schiff

Ligar a química e a biologia para obter avanços na saúde

ScienciaScripts

Imprint

Any brand names and product names mentioned in this book are subject to trademark, brand or patent protection and are trademarks or registered trademarks of their respective holders. The use of brand names, product names, common names, trade names, product descriptions etc. even without a particular marking in this work is in no way to be construed to mean that such names may be regarded as unrestricted in respect of trademark and brand protection legislation and could thus be used by anyone.

Cover image: www.ingimage.com

This book is a translation from the original published under ISBN 978-620-7-84366-4.

Publisher:
Sciencia Scripts
is a trademark of
Dodo Books Indian Ocean Ltd. and OmniScriptum S.R.L publishing group

120 High Road, East Finchley, London, N2 9ED, United Kingdom
Str. Armeneasca 28/1, office 1, Chisinau MD-2012, Republic of Moldova, Europe
Printed at: see last page
ISBN: 978-620-8-08680-0

ÍNDICE

Introdução

1 Introdução geral

Nos últimos anos, a química de coordenação está a ganhar um enorme interesse devido à sua associação com a conceção de fármacos mais eficientes, menos tóxicos e com objectivos específicos relacionados com a nutrição e o estudo do metabolismo [1]. Uma das caraterísticas mais importantes dos sistemas coordenados de metais é a disposição muito especial dos ligandos em torno do ião metálico. Os principais componentes dos compostos de coordenação são os metais, os ligandos e as suas interações. As aplicações biológicas destes compostos de coordenação dependem muito da natureza dos iões metálicos e dos ligandos. A coordenação do ião metálico com o ligando resulta numa maior atividade farmacológica em comparação com o ligando puro [2]. Por este motivo, foram encontrados muitos resultados sobre as potenciais aplicações de compostos de coordenação como transportadores de oxigénio, metaloenzimas, catalisadores e sensores [3-5]. No entanto, os complexos metálicos têm sido predominantemente utilizados contra diabetes, bactérias, fungos e tumores [6, 7]. Além disso, os iões metálicos e os seus complexos têm sido utilizados como fármacos e em diagnósticos moleculares.

Nos compostos de coordenação, os iões de metais de transição desempenham um papel crucial como centros metálicos. As pessoas estão maravilhadas com as aplicações biológicas dos complexos de coordenação naturais que têm metais de transição no seu centro. Seguem-se alguns exemplos.

- A presença de iões de metais de transição no *plasma sanguíneo humano* indica a sua importância no mecanismo de *acumulação, armazenamento* e *transporte* de metais nos sistemas vivos [8].

- O papel da *clorofila, hemoglobina, anidrase carbónica, xantina oxidase, hemocianina* e *vitamina B₁₂* ilustra a ligação íntima entre a química inorgânica e a biologia [9].
- Além disso, os metais de transição apresentam diferentes estados de oxidação e podem interagir com uma série de biomoléculas carregadas negativamente [10].

A importância biológica dos complexos de metais de transição acima referida faz com que a exploração e a conceção de novos complexos de metais de transição para aplicações biológicas melhoradas constituam um domínio sempre atual da química bio-inorgânica.

Para aplicações bio-inorgânicas, a escolha dos ligandos é também notável, tal como a dos iões metálicos. Ao longo de muitas décadas, os ligandos de base de Schiff têm sido continuamente utilizados como ligandos atractivos e os seus complexos metálicos têm-se desenvolvido rapidamente, com especial destaque para como agentes terapêuticos [11]. Já foi referido que os electrões do par solitário disponíveis na sp^2 orbitais hibridizados do grupo azometina (-HC=N) da base de Schiff têm uma importância química e biológica substancial [12]. Juntamente com estas caraterísticas, a aplicação generalizada de complexos metálicos de bases de Schiff no campo medicinal tem sido investigada e muitos artigos científicos recentes resumem os avanços nestes domínios [13].

2 Química das bases de Schiff

Hugo Schiff foi um químico alemão, aluno de Friedrich Wohler em Gottingen. Em 1879, fundou o Instituto de Química da Universidade de Florença. Uma base de Schiff, que recebeu o nome de Hugo Schiff, é um composto que contém o grupo azometina (-CH=N). As bases de Schiff são normalmente formadas pela condensação de uma amina primária e de um aldeído/cetona e o composto resultante é R R C=NR$_{123}$ em que R$_1$ é um grupo arilo, R$_2$ é um átomo de hidrogénio e R$_3$ é um grupo alquilo ou arilo. As bases de Schiff desempenham um papel importante na química de coordenação, uma vez que formam facilmente complexos estáveis com a maioria dos iões de metais de transição. Trata-se de uma classe importante de ligandos devido à sua flexibilidade sintética, seletividade e sensibilidade em relação ao átomo de metal central e semelhanças estruturais com substâncias biológicas naturais. Por conseguinte, os ligandos de base de Schiff são considerados ligandos privilegiados na química de coordenação [14]. As bases de Schiff com um ou mais átomos doadores para além do grupo (-HC=N) são de particular interesse, uma vez que actuam como ligandos quelantes. Tanto os aldeídos como as cetonas podem formar bases de Schiff. No entanto, a formação ocorre menos rapidamente com a cetona do que com o aldeído. Os aldeídos alifáticos fornecem bases de Schiff instáveis e facilmente polimerizáveis [15], enquanto os aldeídos aromáticos produzem bases de Schiff conjugadas e estáveis. As bases de Schiff são cristalinas e fracamente básicas na natureza. A via sintética geral para a formação de bases de Schiff é apresentada no esquema seguinte (Esquema 1.1).

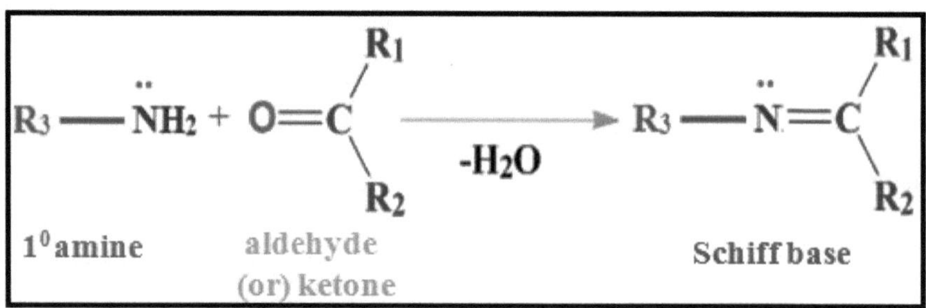

Esquema 1.1 Formação da base de Schiff

Em geral, a ligação da base de Schiff depende dos compostos carbonílicos (aldeído/cetona) e amínicos utilizados na sua síntese. As bases de Schiff são geralmente polidentadas, tais como bidentadas (a), tridentadas (b) e tetradentadas (c) (Fig. 2.1). Estes ligandos polidentados podem formar complexos de coordenação muito estáveis com iões de metais de transição [16]. Os grupos hidroxilo (-OH) e tiol (-SH) são frequentemente encontrados em bases de Schiff polidentadas como funcionalidades adicionais.

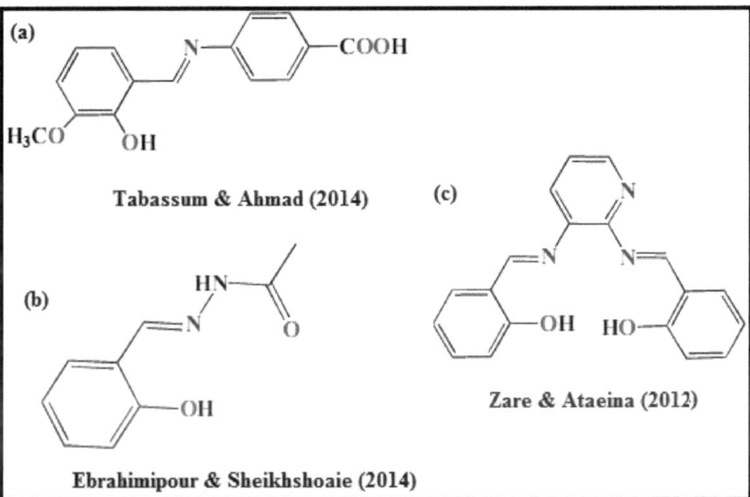

Figura 2.1 Algumas classes de ligandos de base de Schiff

3 Funções das bases de Schiff

Os ligandos de bases de Schiff podem estabilizar o centro metálico em múltiplos estados de oxidação [17] e a sua capacidade quelante é muito especial, como já foi referido. O envolvimento do azoto azometínico (-CH=N) das bases de Schiff na formação de ligações de hidrogénio com os centros activos dos constituintes celulares torna-as biologicamente vitais, interferindo

5

assim no processo celular normal. Além disso, as bases de Schiff encontram aplicações em diversos domínios, como a ótica, os sensores, a análise e os produtos farmacêuticos. No entanto, o seu papel na biologia é enorme, uma vez que demonstraram enormes propriedades biológicas, incluindo antibacteriana, antifúngica, analgésica, anticonvulsiva, anticancerígena, antioxidante e anti-inflamatória [18-20]. Existem também alguns relatórios sobre bases de Schiff como catalisador, intermediário em síntese orgânica, inibidor de corrosão, pigmentos [21] e corantes (Fig. 3.1).

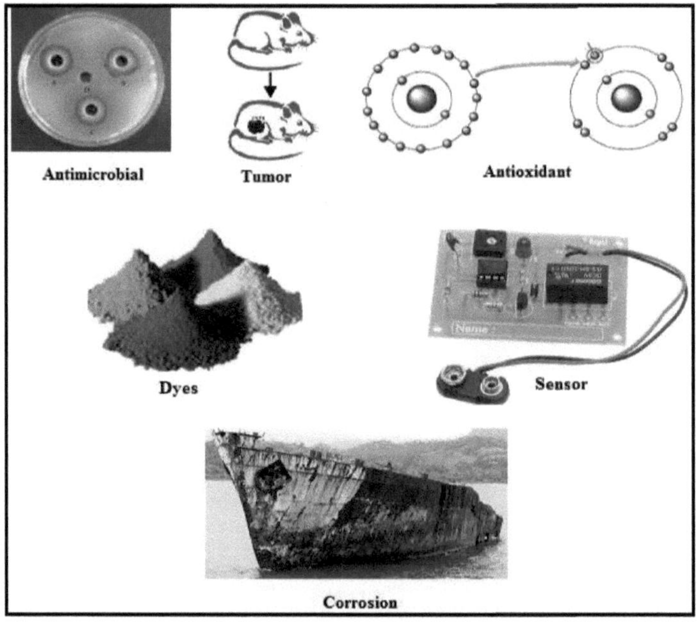

Figura 3.1 Algumas funções da base de Schiff

4 Importância biológica dos iões de metais de transição

Tal como as vitaminas e as enzimas, a importância dos iões de metais de transição na biologia é enorme e surpreendente até hoje. Os iões de metais de transição são importantes para o funcionamento adequado de diversas enzimas [22]. No entanto, a sua acumulação no corpo humano é tóxica, pelo que a sua quantidade deve ser rigorosamente mantida. O corpo humano tem um sistema complicado para gerir e regular a quantidade de metais vestigiais essenciais que circulam no sangue e são armazenados nas células. Num corpo saudável de um adulto, a quantidade de iões de metais de transição deve ser inferior a~ 10 g. Entre os metais de transição da primeira linha, o cobre, o cobalto, o níquel e o zinco são considerados biologicamente mais importantes, pelo que as suas funções são abordadas a seguir.

4.1 Importância biológica do cobre

O cobre é um elemento essencial para o funcionamento normal dos sistemas cerebral, nervoso e cardiovascular. É utilizado como cofator para uma série de enzimas importantes, incluindo *a ativação do dioxigénio* (*tirosinase*), *a amina oxidase e o citocromo c oxidase* [23]. O cobre é o terceiro oligoelemento mais abundante no organismo (a seguir ao ferro e ao zinco). No entanto, a sua quantidade deve situar-se entre 75-100 mg [24]. A necessidade de cobre para manter o crescimento ósseo adequado, a força e um sistema imunitário saudável é inevitável e, sem cobre, as células não podem produzir energia. O cobre encontra-se sobretudo no fígado, nos músculos e nos ossos do corpo humano [25, 26]. Pode ajudar a encontrar hemoglobina, mielina e melanina. Também mantém a glândula tiroide em funcionamento. Pode atuar tanto como antioxidante como pró-oxidante. Quando o cobre actua por vezes como pró-oxidante, promove os danos dos radicais livres e pode contribuir para o desenvolvimento da doença de Alzheimer [27]. A toxicidade do cobre causa a doença de Wilson e a deficiência de cobre causa a doença de Menkes. A deficiência de cobre aumenta significativamente a concentração de colesterol no plasma e as doenças cardiovasculares. Devido às caraterísticas salientes acima referidas, a exploração de novos complexos de cobre é sempre interessante para utilizações biológicas avançadas. Recentemente, Walker e Sorensen referiram que o cobre possui uma atividade anti-inflamatória e anti-úlcera. Para além disso, os complexos de cobre têm sido referidos para diversas utilizações biomédicas [28, 29].

4.2 Importância biológica do cobalto

Como todos sabemos, o cobalto é um constituinte essencial da vitamina B_{12} (cobalamina), e esta vitamina actua como o principal reservatório biológico do cobalto [30]. A vitamina B_{12} é necessária para a síntese de ADN, a formação de glóbulos vermelhos, a manutenção do sistema nervoso e o crescimento e desenvolvimento da criança. Por outro lado, a presença deste metal tem efeitos benéficos e prejudiciais no corpo humano. À medida que o nível de cobalto no corpo humano aumenta, pode causar asma, cancro do pulmão e bronquite [31]. A administração excessiva de cobalto resulta, por vezes, em bócio e fraca atividade da tiroide [32]. As proteínas à base de cobalamina contêm geralmente cobalto sob a forma de complexos metálicos para a manutenção da corrina. A coenzima B_{12} contém uma ligação C-Co reactiva e esta ligação é importante para a participação na reação da corrina acima referida. Estas moléculas contêm um átomo de cobalto ligado a um ligando macrocíclico, nomeadamente a corrina, que é semelhante ao anel porfirínico. Por fim, é muito claro que os complexos metálicos de cobalto são biologicamente muito activos e, por conseguinte, muitos complexos de cobalto têm sido reportados como tendo actividades biológicas e farmacêuticas pronunciadas [33].

4.3 Importância biológica do níquel

Os iões de níquel desempenham o seu papel biológico de forma bastante diferente e, em pormenor, entram diretamente na célula e sofrem um metabolismo redox, formando espécies reactivas de oxigénio. Os compostos de níquel estão sobretudo presentes nos locais activos da urease. É interessante notar que activam muitas enzimas e estabilizam os ácidos nucleicos (ARN e ADN) contra desnaturações térmicas. As enzimas que contêm níquel são muito familiares nas acções. Por exemplo, *as [NiFe]-hidrogenases* oxidam carateristicamente *as* moléculas de H_2 e a coenzima F430 do níquel-tetrapirrol alimenta as arqueias metanogénicas [34]. Existem também outras enzimas deste tipo, como a *monóxido de carbono desidrogenase, a superóxido dismutase* e *a glioxalase* [35]. A maior parte dos compostos de níquel presentes no corpo humano são complexos de coordenação, pelo que os complexos de níquel têm sido amplamente utilizados em reacções biológicas [36]. No entanto, há que ter cuidado com a manutenção do nível de níquel no corpo humano, uma vez que a absorção de quantidades demasiado elevadas de níquel pode conduzir a riscos de cancro do pulmão, do nariz, da laringe, da próstata, doença, tonturas, embolia pulmonar, insuficiência respiratória, defeitos congénitos, asma e bronquite crónica.

4.4 Importância biológica do zinco

O zinco é conhecido pelas funções de um grande número de metaloenzimas em mamíferos [37]. É o segundo metal de transição mais abundante nos organismos depois do ferro e é o único metal que aparece em todas as classes de enzimas. Serve como iões estruturais em factores de transcrição. O zinco é armazenado e transferido nas metalotioneínas [38]. Nos seres humanos, o zinco interage com uma vasta gama de ligandos e desempenha papéis importantes no metabolismo do ARN e do ADN, na expressão genética, na divisão celular, na transdução de sinais e, sobretudo, na regulação do programa de morte celular (apoptose) [39]. A investigação atual sugere que cerca de 10% das proteínas humanas se ligam potencialmente ao zinco. Existem 2-4 g de zinco distribuídos por todo o corpo. Especificamente no cérebro, o zinco é armazenado em vesículas sinápticas por neurónios glutamatérgicos e pode modular a excitabilidade cerebral [40]. Desempenha um papel fundamental na plasticidade sináptica e, por conseguinte, na aprendizagem. No entanto, tem sido chamado "o cavalo negro do cérebro" porque também pode ser uma neurotoxina, sugerindo que a homeostase do zinco desempenha um papel crucial na função normal do cérebro e do sistema nervoso central [41]. A maior parte do zinco encontra-se no cérebro, nos ossos, nos músculos, nos rins e no fígado, com as concentrações mais elevadas na próstata e nas partes do olho. O sémen é particularmente rico em zinco, que é um fator chave na função da glândula prostática e no crescimento dos órgãos reprodutores [42]. Devido à enorme importância biológica acima referida, muitos complexos de zinco foram sintetizados para diferentes aplicações biológicas e continuam a ser utilizados até agora. Tal como acontece com todos os outros metais, o excesso de zinco no corpo humano é perigoso, uma vez que provoca diarreia, vómitos, náuseas, danos nos rins e no estômago.

5 Aminoácidos

Os aminoácidos são pequenas moléculas e compostos orgânicos biologicamente importantes com vários grupos funcionais, como a amina ($-NH_2$) e o ácido carboxílico (-COOH), que podem atuar como potenciais sítios dadores [43, 44]. É importante notar que estes grupos funcionais múltiplos presentes no aminoácido podem levar ao desenvolvimento de estruturas inesperadas e invulgares [45]. Os elementos-chave de um aminoácido são o carbono, o hidrogénio, o oxigénio e o azoto, embora se encontrem outros elementos nas cadeias laterais de certos aminoácidos. Além disso, os aminoácidos constituem os blocos de construção das proteínas e são espécies químicas indispensáveis para o desempenho de várias funções biológicas, como exemplificado pelo papel das enzimas [46]. Desempenham funções cruciais no reconhecimento molecular, na transferência de informação e noutras funções biológicas [47].

Os complexos de metais de transição de aminoácidos são importantes devido às suas funções como sistemas modelo para o estudo da estrutura molecular e das interações metal-metal das metaloproteínas. Gnowen *e outros* (1995) investigaram que os complexos de metais de transição de complexos de base de Schiff derivados de aminoácidos podem atuar como agentes anti-carcinogénicos [48]. Além disso, os aminoácidos são utilizados eficazmente para dirigir as mostardas de azoto para as células cancerosas [49]. Entre a rampa de aminoácidos, a metionina (Met) e a histidina (His) são casos especiais devido ao seu forte comportamento de coordenação com iões de metais de transição. A metionina (Met) é um aminoácido contendo enxofre que desempenha um papel importante no metabolismo e não pode ser sintetizado no corpo, mas pode ser obtido a partir de alimentos como sementes de sésamo, castanhas do Brasil, peixe e carne. Embora seja rara, a deficiência de metionina provoca um crescimento deficiente, lesões hepáticas, perda de músculo, edema, lesões cutâneas e letargia. Além disso, a metionina funciona como um poderoso antioxidante e o seu átomo de enxofre ajuda a neutralizar os radicais livres que se formam como resultado de vários processos metabólicos [50, 51]. A histidina é outro aminoácido importante devido à sua função imidazol e faz maravilhas durante as acções das metaloenzimas [52]. A investigação atual prova o carácter neuroprotector e desintoxicante da histidina [53]. Além disso, a histidina pode até ajudar a prevenir o aparecimento da SIDA e é crucial para a produção de glóbulos vermelhos e brancos.

Por conseguinte, a utilização destes dois aminoácidos na preparação de ligandos para os complexos metálicos seria a melhor ideia e a literatura tem muitos relatórios sobre esta área.

6 Complexos metálicos de base de Schiff

Como já foi referido, as bases de Schiff são os ligandos mais procurados devido à sua capacidade quelante e às suas diversas aplicações nos domínios medicinal e farmacológico [54]. Nos últimos anos, a investigação tem concedido um vasto leque de estudos centrados na química de coordenação e consequente reatividade dos ligandos de bases de Schiff [55]. A coordenação de ligandos de base de Schiff com iões metálicos é interessante porque os ligandos de base de Schiff mostraram propriedades biológicas melhoradas após a metalação. É sabido que os átomos de azoto e de oxigénio dos ligandos da base de Schiff desempenham um papel crucial na coordenação de metais em locais activos de numerosas metalo-biomoléculas [56]. A combinação de bases de Schiff com iões metálicos, sob a forma de complexos metálicos, tem dado origem a algumas actividades biológicas frutuosas, tais como actividades antitumorais, anti-amoébicas, antimicrobianas e anti-inflamatórias [57-60]. Os compostos de coordenação de quelatos de bases de Schiff contendo azoto-oxigénio derivados de 4-amino-2, 3-dimetil-1-fenil-3-pirazolina-5-ona (4-aminoantipirina) têm sido estudados extensivamente devido às suas aplicações pronunciadas em áreas farmacológicas [61], especialmente as suas propriedades de ligação e clivagem do ADN [62]. Servem também de modelos para espécies biologicamente importantes e encontram reacções catalíticas biomiméticas.

Os complexos metálicos de base de Schiff têm um papel crucial no desenvolvimento da química de coordenação. Os complexos metálicos de bases de Schiff são geralmente sintetizados através do tratamento de iões metálicos com ligandos de bases de Schiff em condições experimentais simples e adequadas. Ao longo dos anos e até agora, tem havido uma curiosidade considerável na química de complexos metálicos com bases de Schiff. Tal pode dever-se à simplicidade de síntese, à versatilidade e à vasta gama de aplicações em diversos domínios, incluindo a catálise, os sensores, a ótica, a corrosão e a farmácia. A vantagem adicional dos complexos de bases de Schiff multidentadas é a sua variedade estrutural em múltiplas geometrias. A química de complexos metálicos com ligandos multidentados com orbitaisπ deslocalizados, tais como bases de Schiff ou porfirinas, ganhou recentemente mais atenção devido à sua utilização como modelos em sistemas biológicos [63, 64]. Foram publicados muitos artigos de investigação e revisão sobre várias aplicações biológicas de complexos de bases de Schiff [65-71].

7. Relevância biológica dos complexos de bases de Schiff de metais de transição

Os complexos metálicos de base de Schiff têm sido amplamente investigados pelas suas propriedades surpreendentes e vitais, tais como a capacidade de ligar reversivelmente o oxigénio, a catálise, os sensores, a ótica não linear (NLO) e os inibidores de corrosão, *etc.* [72-75]. São considerados o modelo estereoquímico mais importante na química de coordenação, devido à sua simplicidade de preparação, flexibilidade e variedade estrutural. Em particular, os complexos de bases de Schiff de metais de transição desempenham um papel notável como modelo para fármacos [76]. Por conseguinte, estes complexos não só desempenharam um papel significativo no desenvolvimento da química de coordenação moderna, mas também no progresso da química bio-inorgânica, incluindo antibacteriana, antifúngica, herbicida e anticancerígena [77]. Com base na literatura recente, são discutidos de seguida alguns complexos de base de Schiff de metais de transição importantes com as suas aplicações biológicas.

7.1 Atividade antibacteriana de complexos de bases de Schiff de metais de transição

As doenças antibacterianas são muito comuns entre os seres humanos. Consequentemente, ao longo das últimas décadas, os investigadores têm estado envolvidos numa vasta gama de investigações relacionadas com a exploração de novos fármacos antimicrobianos e, entre eles, os complexos de base de Schiff de metais de transição são familiares. Os relatórios sobre as suas actividades antibacterianas são numerosos e, por exemplo, são apresentados alguns relatórios muito recentes. Mendu *et al.* sintetizaram uma série de complexos de Cu(II), Co(II), Mn(II) e Zn(II) a partir do ligando de base de Schiff (*ácido 4-cloro-2-((4-oxo-4H-chro-men-3il) metileno amino)benzoico)*. As actividades antibacterianas do ligando e dos complexos foram estudadas contra quatro bactérias *(E. coli, B. subtilis, P. aeruginosa e E. tarda)* pelo método de difusão em disco e em poço. Os resultados indicam que os complexos são mais activos contra o crescimento de bactérias e a sua atividade é muito melhor do que a do ligando [78].

Neelakantan *et al.* relataram uma série de complexos de ligandos mistos derivados da base de Schiff (*o-vanilidina-2-aminobenzotiazol*) e 1, 10-fenantrolina. Além disso, as actividades antibacterianas *in vitro* foram analisadas contra quatro bactérias *(E. coli, P. aeruginosa, S. typhi e V. parahaemolticus)* pelo método de difusão em poço utilizando ágar nutriente.

Mostraram uma atividade antibacteriana comparável à do medicamento padrão [79].

Outra nova série de complexos de metais de transição [Fe(II), Co(II), Ni(II), Cu(II) e Zn(II)] da base de Schiff *((N¹ E, N³ E)-N¹ ,N³ -bis(1-(1H-pirrol-2-il)etilideno)propano-1,3-diamina)* foi sintetizada e caracterizada por Zafer *et al.* Foram utilizadas duas espécies bacterianas *(S. pyogenes* e *K. pneumonia)* para examinar as suas actividades antibacterianas *in vitro.* Embora todos os complexos tenham mostrado uma atividade antibacteriana considerável, o complexo de Cu(II) tem a atividade antibacteriana mais elevada, igual à do medicamento padrão (ciprofloxacina). A nota impressionante neste trabalho é que é proposto um novo tipo estrutural para o desenvolvimento de agentes anti-bacterianos eficazes [80].

Por outro lado, Shakir *et al.* referiram a base de Schiff *((E)-N-(furan-2-il-metileno) quinolin-8-amina)* com um anel heterocíclico na sua estrutura para a síntese de complexos de metais de transição [(Mn(II), Co(II), Ni(II), Cu(II) e Zn(II)] [81]. As actividades antibacterianas do ligando e dos complexos foram estudadas contra três bactérias Gram-negativas *(E. coli, S. typhimurium* e *P. aeruginosa)* e duas bactérias Gram-positivas *(S. aureus* e *L. monocytogenes)* pelo método de diluição em micropoços. Os resultados indicam que os complexos são mais activos contra o crescimento de bactérias e mostram uma melhor atividade do que o seu ligando.

7.2 *Atividade antifúngica de complexos de bases de Schiff de metais de transição*

Os fungos existem em todo o lado, com 1,5 milhões de espécies diferentes na Terra, e sabe-se que 300 delas podem provocar doenças. As doenças fúngicas são muito comuns, tal como as infecções bacterianas, porque estão disseminadas no ambiente. Embora existam muitos relatórios disponíveis, diferentes grupos de investigação têm tentado continuamente estabelecer o novo complexo de base de Schiff de metal de transição que funciona eficazmente contra os fungos. Os complexos de Cr(III), Mn(III) e Fe(III) do ligando de base de Schiff *(1,4-dicarbonil-fenil-dihidrazida e cromeno-2,3-diona (2:2))* foram sintetizados por Kumar *et al.* e esses complexos provaram ser agentes antifúngicos contra três fungos *(A. niger, R. solani* e *P. expansum)*. A atividade antifúngica dos complexos foi comparada com o medicamento padrão, nomeadamente *o miconazol*. Em comparação com o padrão, todos os complexos exibiram melhor atividade contra *A. niger* e menor atividade contra *R. solani*, enquanto apenas os complexos de Cr(III) e Fe(III) são melhores contra *P. expansum* e não o complexo de Mn(III). Eventualmente, a ordem de atividade antifúngica dos complexos foi sugerida como Cr > Fe > Mn neste trabalho [82].

Alaghaz *et al.* prepararam uma nova base de Schiff contendo enxofre, nomeadamente *((4-(4-hidroxi)-3-(2-pirazina-2-carbonil)hidrazonometilfenil-diazen-ilbenzenossulfonamida)*. Posteriormente, este ligando foi utilizado na síntese de complexos metálicos de Mn(II), Co(II), Ni(II), Zn(II) e Cd(II). Além disso, a atividade biológica destes compostos foi investigada contra vários fungos *(C. albicans, A. fumigates* e *A. clavatus)*. Aqui ficou provado que os complexos metálicos têm uma boa atividade antifúngica em vez do seu ligando [83].

Chandra *et al.* sintetizaram os complexos de Ni(II) e Cu(II) a partir do ligando de base de Schiff, nomeadamente *(hidrazina carboxamida, 2-[3-metil-2-tienilmetileno])*. As actividades antifúngicas do ligando e dos complexos foram estudadas contra dois fungos *(A. niger* e *A. flavus)* pelo método de difusão em poço. Os resultados indicam que os complexos são mais activos contra o crescimento de fungos e a sua atividade é muito melhor do que a do ligando original [84].

Uma outra nova série de complexos de metais de transição (Co(II), Ni(II) e Cu(II)) das bases de Schiff, nomeadamente, *((E)-7,8-dihidroxil-4-metil-6-((o-tolilimino)metil)-2H-cromen-2-ona)* e *((E)-7,8-dihidroxi-4-metil-6-(3-(trifluorometil)estirilo)-2H-cromen-2-ona)* foram sintetizados e caracterizados por Patil *et al.* As suas actividades antibacterianas *in vitro* foram analisadas contra *(Candida, A. niger e Rhizopus)* pelo método de difusão em poço utilizando o meio de ágar dextrose de batata. Os resultados indicam que os complexos são mais activos contra o crescimento de bactérias e a sua atividade é muito melhor do que a do seu ligando [85].

7.3 Atividade anticancerígena de complexos de bases de Schiff de metais de transição

O cancro ou neoplasia maligna é uma classe de doenças em que um grupo de células apresenta um crescimento anormal, invasão e, por vezes, metástases [86]. Continua a ser um grave problema de saúde pública em todo o mundo, sendo o diagnóstico mais frequente. É a segunda principal causa de morte humana, a seguir às doenças cardiovasculares, tanto nos países em desenvolvimento como nos países desenvolvidos [87]. Recentemente, o tratamento do cancro inclui principalmente a cirurgia e a quimioterapia, mas os efeitos curativos dos fármacos quimioterapêuticos existentes não são adequados e têm efeitos secundários abundantes. O desenvolvimento de medicamentos mais eficazes para o tratamento de doentes com cancro tem sido uma das principais tentativas nos últimos anos. Nos últimos anos, foram estabelecidas diversas gamas de complexos de base de Schiff de metais de transição relacionados com propriedades anticancerígenas. Alguns exemplos são aqui discutidos.

Uma série de complexos de metais de transição [Cu(II), Co(II) e Cr(II)] foi sintetizada a partir da base de Schiff por Mohanambal *et al.* muito recentemente. Além disso, as actividades anticancerígenas destes complexos sintetizados nas linhas celulares *VERO (Verda Reno)* e *HEP2 (Human epithelial type 2)* foram também exploradas. Os resultados mostraram que o ligando sintetizado e os complexos metálicos podem inibir a proliferação celular. Para além disso, o complexo de Cr(II) é melhor do que os complexos de Co(II) e Cu(II). Verificou-se que a atividade anticancerígena do complexo de Cu(II) é ligeiramente superior nas *células* cancerígenas *HEP2* quando comparada com a das *células VERO* normais [88].

Duff *et al.* apresentaram complexos de base de Schiff de Cu(II) de quinolinona. Além disso, foram exploradas as potenciais actividades citotóxicas, cito-selectivas e mutagénicas destes complexos em células de carcinoma hepático derivadas do homem (Hep-G2) *(epitelial humano tipo 2)* e em células hepáticas não malignas derivadas do homem (Chang). A observação importante do seu trabalho é que a coordenação do ião do metal de transição com a base de Schiff aumentou a citotoxicidade dos ligandos da base de Schiff [89].

Alizadeh *et al.* sintetizaram os complexos de Cu(II) e Zn(II) a partir do ligando de base de Schiff, nomeadamente *2-(((6-fluorobenzo[d]thiazol-2-yl)imino)methyl)phenol*. Além disso, a citotoxicidade dos complexos (Cu(II) e Zn(II) foi avaliada pelo ensaio *MTT (Microculture Tetrazolium)* na linha celular de cancro humano *HeLa (Henrietta Lacks)*. Aqui, provou-se que os complexos metálicos têm uma atividade citotóxica eficaz [90].

De forma diferente, Yusof *et al.* sintetizaram a série de complexos de Zn(II), Cd(II), Cu(II) e Ni(II) a partir do ligando de base de Schiff, nomeadamente, *S-4-metilbenzil-β-N-(2 furilmetileno)ditiocarbazato*. Além disso, foram exploradas as actividades anticancerígenas destes complexos sintetizados nas linhas celulares *MCF-7 (Michigan Cancer Foundation-7)* e *MDA-MB-231*. Aqui, provou-se que os complexos de Cu(II) são moderadamente activos contra *MCF-7* mas inactivos em relação à célula *MDA-MB-231*, enquanto todos os outros complexos metálicos de base de Schiff são inactivos contra ambas as linhas de células cancerígenas [91].

7.4 Atividade antioxidante dos complexos metálicos de base de Schiff de metais de transição

A síntese de antioxidantes à base de metais de transição tem sido alvo de muita atenção e de esforços para identificar os compostos que apresentam maior atividade na eliminação de radicais livres criados por espécies reactivas de oxigénio. A razão é que esses radicais livres criam diversas perturbações e doenças associadas a danos oxidativos. Atualmente, os antioxidantes sintéticos são amplamente utilizados devido à sua eficácia e baixo custo em comparação com os antioxidantes naturais. Os complexos de base de Schiff de metais de transição provaram ser os eliminadores eficientes de ROS (espécies reactivas de oxigénio). Alguns exemplos importantes e recentes são aqui enumerados.

Karekal *et al.* relataram a base de Schiff, nomeadamente *5-cloro-3-fenil-1H-indole-2-carboxi-hidrazida* e *3-formil-2-hidroxi-1H-quinolina* e os seus complexos de Cu(II), Co(II), Ni(II), Zn(II), Cd(II) e Hg(II). A atividade de eliminação de radicais livres dos compostos sintetizados foi determinada em diferentes intervalos de concentração através da sua interação com o radical livre estável DPPH *(1,1-difenil-2-picrilhidrazil)*. Entre os compostos testados, os complexos de Cu(II), Cd(II), Ni(II) e Co(II) exibiram uma melhor atividade de eliminação em comparação com o padrão [92].

Por outro lado, Kamachi *et al.* apresentaram os complexos de metais de transição mais eficientes, menos tóxicos e específicos do alvo e avaliaram as suas propriedades anticancerígenas em termos do seu estado de oxidação e da esfera do co-ligante. No seu trabalho, utilizaram complexos de Ru(II) e Ru(III) com ácido 4-hidroxi-piridina-2,6-dicarboxílico e PPh /AsPh$_{33}$ na sua estrutura. A capacidade de eliminação de radicais livres destes complexos foi avaliada com uma série de ensaios antioxidantes *in vitro* envolvendo vários radicais DPPH, hidroxilo e óxido nítrico, anião superóxido, peróxido de hidrogénio e quelante metálico. Em comparação com o complexo de Ru(II), os complexos de Ru(III) mostraram excelentes propriedades de eliminação de radicais [93].

Tabassum *et al.* sintetizaram os complexos de Cu(II) a partir do ligando de base de Schiff *2-((E)-(1,3-dihidroxi-2-metilpropan-2-ilimino)metil)-6-metoxifenol*. Além disso, a atividade antioxidante dos complexos foi avaliada pelo método de Beauchamp e Fridovich. Aqui, provou-se que os complexos de Cu(II) têm uma atividade antioxidante eficiente [94].

Outra nova série de complexos de metais de transição com ligandos mistos (Co(III) e Fe(III)) de bases de Schiff, nomeadamente *NN-bis(salicilideno)-trans1,2diaminociclohexano,* *NN-bis(salicilideno)-1,2-fenilenodiamina* e *NN-bis(salicilideno)-4-metil-1,2-fenilenodiamina,* foi sintetizada e caracterizada por Pramanik *et al.* A capacidade antioxidante destes complexos foi avaliada com o método *in vitro* de eliminação de 2,2-difenil-1-picrilhidrazil (DPPH). Os resultados do estudo antioxidante revelam que os complexos de Co(III) são potentes eliminadores de radicais livres do que os complexos de Fe(III) [95].

8 ADN

O ADN (ácido desoxirribonucleico) é uma biomacromolécula que contém toda a informação genética essencial para a eficácia celular e a reprodução de todos os organismos vivos [96-100].

8.1 Papel do ADN no sistema biológico

O ADN é um constituinte importante para muitas progressões bioquímicas que ocorrem no sistema celular [101]. Geralmente, o ADN apresenta-se sob a forma de cromossomas de revestimento nos eucariotas e de cromossomas circulares nos procariotas. Estes cromossomas numa célula constituem o seu genoma. O genoma humano tem aproximadamente 3 mil milhões de pares de bases de ADN organizados em 46 cromossomas [102]. A informação transportada pelo ADN é mantida na sequência de pedaços de ADN denominados genes e a transmissão da informação genética nos genes é conseguida *através do* emparelhamento de bases complementares. Por exemplo, quando uma célula utiliza a informação de um gene, a sequência de ADN é copiada para uma sequência complementar de ARN através da atração entre os nucleótidos de ADN e ARN. Geralmente, esta cópia de ARN é depois utilizada para produzir uma sequência proteica correspondente, num processo denominado tradução, que depende da mesma interação entre os nucleótidos de ARN. Em alternativa, a célula pode simplesmente copiar a sua informação genética num processo designado por replicação.

Além disso, a espinha dorsal do ADN é resistente à clivagem e as duas cadeias das estruturas de ADN são utilizadas para armazenar a informação biológica. A informação biológica é replicada quando as duas cadeias são separadas. Dentro das células, o ADN está organizado em estruturas alongadas chamadas cromossomas. Durante a divisão celular, estes cromossomas são duplicados na progressão da replicação do ADN, fornecendo a cada célula o seu próprio conjunto completo de cromossomas. Nos cromossomas, as proteínas da cromatina, como as histonas, são comprimidas e utilizadas para categorizar o ADN. Estas estruturas comprimidas orientam as interações entre o ADN e outras proteínas, ajudando assim a controlar as partes do ADN que são depois transcritas.

8.2 Estrutura do ADN

O ADN é constituído por duas cadeias de biopolímeros enroladas uma em torno da outra, formando uma dupla hélice. Estas duas cadeias de ADN são conhecidas como polinucleótidos, uma vez que são compostas por unidades mais simples chamadas nucleótidos [103]. Cada nucleótido é composto por uma nucleobase contendo azoto, a citosina (C), a guanina (G), a adenina (A) e a timina (T), bem como por um açúcar monossacárido chamado desoxirribose e um grupo fosfato (Fig. 8.2.1). Os nucleótidos estão ligados entre si numa cadeia por ligações covalentes entre o açúcar de um nucleótido e o fosfato do seguinte, resultando numa espinha dorsal alternada açúcar-fosfato.

Através desta espinha dorsal, os nucleótidos fornecem os blocos de construção a partir dos quais os ácidos nucleicos são construídos. A posição 5'de um anel de pentose está ligada a uma posição 3'do anel de pentose seguinte *através de* um grupo fosfato. Assim, a espinha dorsal do açúcar-fosfato é constituída por ligações fosfodiésteres 5', 3'.

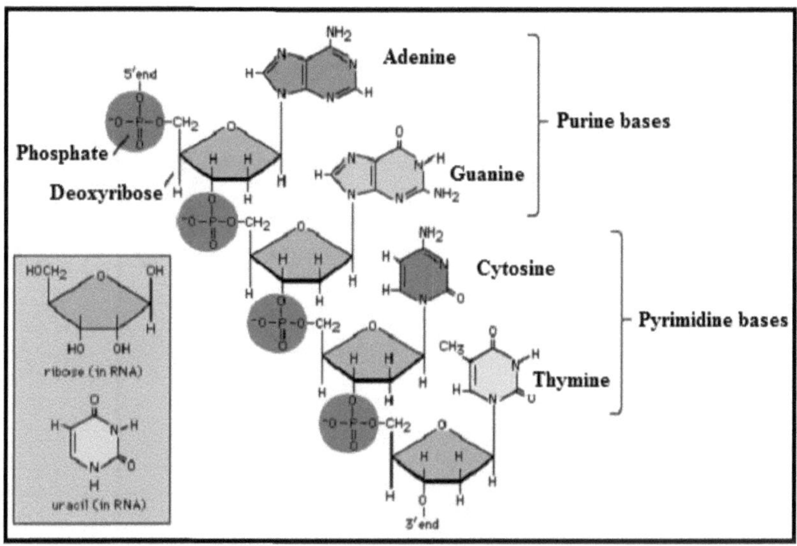

Figura 8.2.1 Estrutura dos ácidos nucleicos

O Prémio Nobel foi atribuído a Watson e Crick em 1962 pela sua excelente contribuição para a descoberta da estrutura do ADN. Segundo eles, a molécula de ADN é uma dupla hélice (Fig. 8.2.2). Esta molécula é formada por duas cadeias de polinucleótidos antiparalelas que se enrolam em espiral, formando uma hélice direita. Além disso, estas duas cadeias são mantidas juntas por ligações de hidrogénio [104]. A molécula helicoidal de cadeia dupla tem sulcos maiores e menores alternados. As duas cadeias são complementares uma à outra no que respeita à disposição das bases nas duas cadeias. Assim, na dupla hélice, as purinas e as pirimidinas existem em pares de bases, *ou seja,* (A e T) e (G e C). Como resultado, se a sequência de bases de uma cadeia de ADN for conhecida, a sequência de bases da sua cadeia complementar pode ser facilmente deduzida.

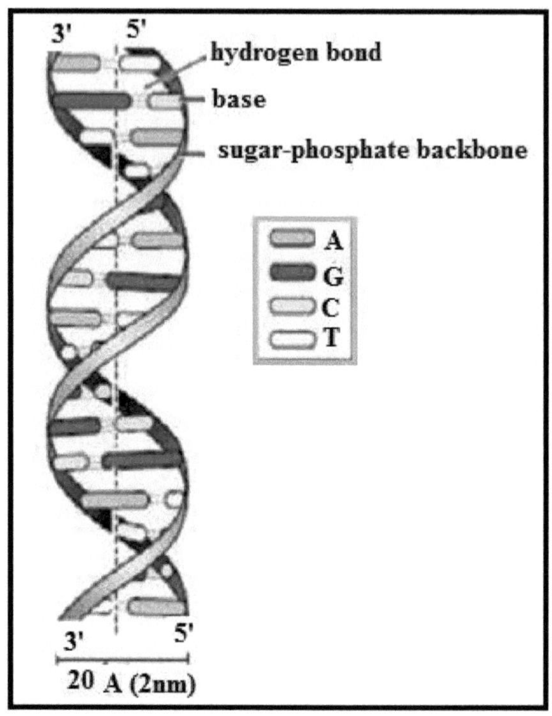

Figura 8.2.2 Estrutura dupla-helicoidal do ADN

8.3 Conformações do ADN

A estrutura de dupla hélice do ADN tem três conformações diferentes, *ou seja*, as conformações A, B e Z (Fig. 8.3.1). Estas três conformações são de natureza helicoidal dupla e baseiam-se nas interações de ligação de hidrogénio entre as duas cadeias antiparalelas do ácido nucleico, tal como proposto por Watson e Crick. No entanto, as formas resultantes das conformações estruturais do ADN são diferentes.

De entre as diferentes conformações do ADN, a forma B do ADN é considerada a mais comum, sendo uma hélice direita com pares de bases empilhados no centro da hélice e um plano médio de bases alinhado normalmente com o eixo helicoidal. Uma caraterística estrutural notável e biologicamente importante do ADN-B é a presença de duas ranhuras no envelope exterior da dupla hélice. Estes sulcos são designados por sulcos principais e secundários e têm largura e profundidade diferentes, em consequência das ligações glicosiladas entre os açúcares e as bases. A ligação assimétrica do par de bases à espinha dorsal resulta no alargamento da ranhura, dando assim origem às ranhuras principais e secundárias.

A conformação A é também uma hélice direita, mas é nitidamente diferente da conformação B no que respeita às ranhuras helicoidais. Devido ao enrugamento do açúcar, as bases são empurradas para fora em direção à ranhura menor e torcidas substancialmente em relação ao eixo da hélice. Assim, a dupla hélice do ADN tem uma ranhura principal muito profunda e praticamente nenhuma ranhura menor, uma vez que é puxada profundamente para o interior da estrutura, tornando-se inacessível às moléculas em solução.

A forma Z do ADN é estruturalmente caracterizada por uma conformação helicoidal dupla. É diferente porque se espiraliza numa rotação para a esquerda. A unidade de repetição é um dinucleótido que resulta numa hélice em ziguezague devido à alteração do acúmulo de açúcar e à disposição das bases em torno da ligação glicosídica.

9 Interações do ADN com complexos metálicos

9.1 Ligação do ADN

O ADN é predominantemente um bom alvo para os complexos metálicos, uma vez que é muito promissor como sondas de diagnóstico, agentes reactivos e terapêuticos [105]. Por estas razões, tem-se dedicado muita atenção à conceção de agentes de ligação ao ADN baseados em metais.

Para conceber agentes quimioterapêuticos eficazes e melhores fármacos anticancerígenos, é necessário investigar as actividades de ligação do ADN a complexos metálicos (fármacos). Nas últimas décadas, tem havido um enorme interesse em estudos relacionados com a ligação de ácidos nucleicos

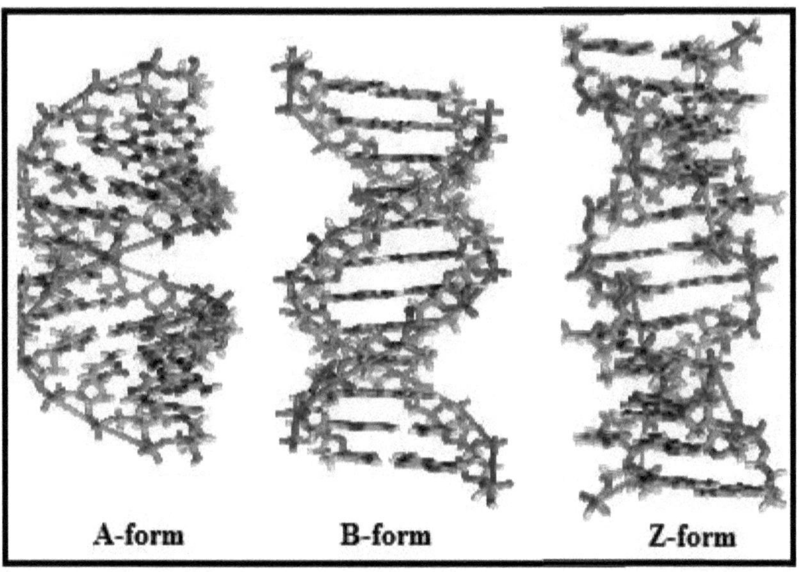

Figura 8.3.1 Estruturas de conformação diferentes de A, B e Z-DNA

com iões de metais de transição, dada a sua importância no desenvolvimento de novos reagentes para a biotecnologia, a nanotecnologia, as abordagens terapêuticas e o estudo das conformações dos ácidos nucleicos [106, 107]. Por vezes, os estudos de interação do ADN são muito importantes para compreender a toxicidade dos medicamentos que contêm iões metálicos [108].

É universalmente aceite que a interação dos complexos metálicos com o ADN se processa geralmente de forma covalente e não covalente. A ligação covalente ao ADN é irreversível e conduz invariavelmente à inibição completa dos processos de ADN e à subsequente morte celular. A interação não covalente com o ADN é reversível e é normalmente preferida à formação de adutos covalentes, tendo em conta o metabolismo do fármaco e os efeitos secundários tóxicos [109, 110].

9.2 Diferentes modos de ligação ao ADN

Os complexos metálicos de base de Schiff ou os fármacos interagem com o ADN através de diferentes modos de ligação [111 -114] (Fig. 9.2.1).

- ❖ *Ligação por intercalação*
- ❖ *Ligação de ranhuras*
- ❖ *Ligação eletrostática*

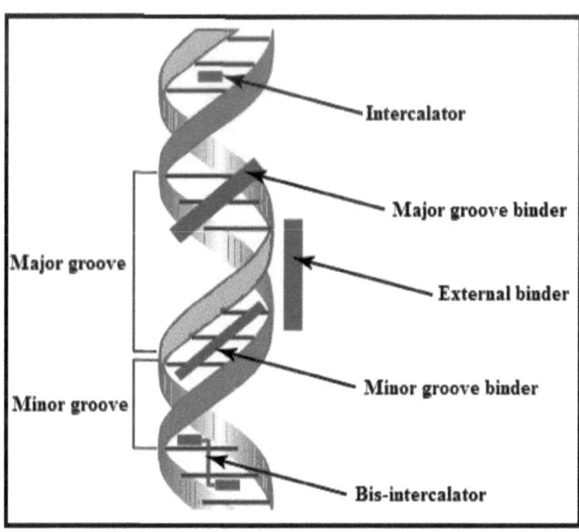

Figura 9.2.1 Diferentes modos de ligação do ADN

9.2.1. Ligação intercalar

No modo de ligação intercalativa, uma pequena molécula ou complexos metálicos interagem com o interior não polar da hélice de ADN. Neste tipo de ligação, os grupos aromáticos são empilhados entre os pares de bases. Isto ocorre quando ligandos de tamanho e natureza química adequados se encaixam entre os pares de bases do ADN. Este tipo de ligação é preferido pela presença de um ligando aromático fundido alargado, como o *brometo de etídio, a dipirido[3,2-a:2',3'-c]fenazina, o fenantreno 9,10-diimina* e *a phi(9,10-fenantrenoquinonediimina)*

(Fig. 9.2.1.1). Os ligandos adequados para este tipo de interações são, na sua maioria, policíclicos, aromáticos e planares e, por conseguinte, constituem frequentemente bons corantes de ácidos nucleicos [115]. Nos últimos anos, a investigação tem prestado muita atenção à exploração e síntese de cadeias de coloração de ácidos nucleicos, uma vez que estas moléculas podem funcionar como agentes quimioterapêuticos.

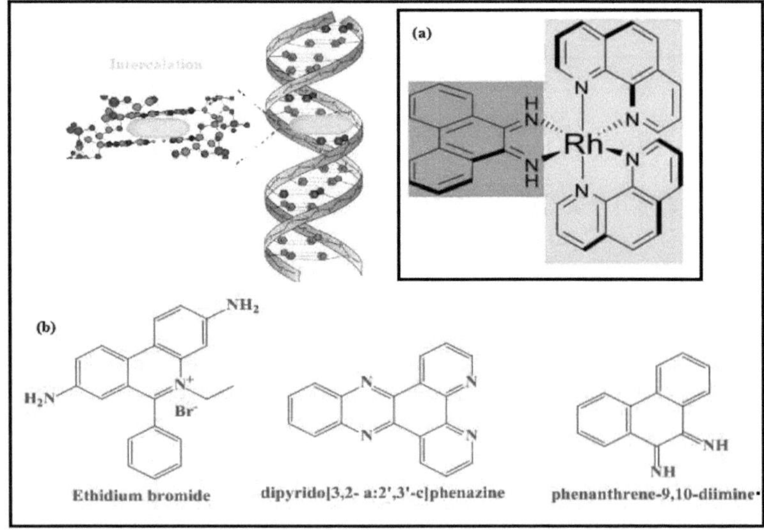

Figura 9.2.1.1 Modo de intercalação do complexo metálico e do ligando orgânico

O sulco de ligação do antibiótico Netropsin é um modelo de ligante de sulco em que os grupos metilo impedem a intercalação [117]. O antibiótico *Netropsin* é um modelo de ligante de sulco em que os grupos metilo impedem a intercalação [117]. *A distamicina A* é outro exemplo de um ligante de sulco e actua como um bom antibiótico (Fig. 9.2.2.1). Relativamente ao principal ligante de sulcos, o [Ru(TMP)]$_3^{2+}$ (*TMP= 3,4,7,8- tetrametilfenonotrolina*) é o melhor exemplo [118].

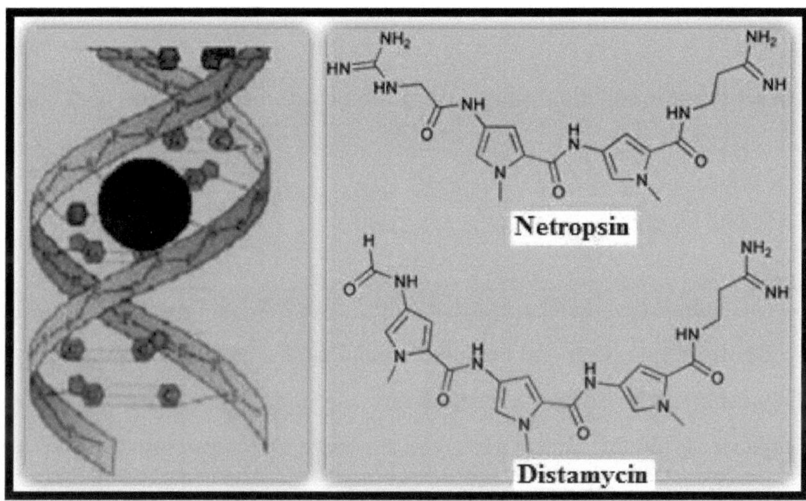

Figura 9.2.2.1 Agentes de ligação de ranhuras

9.2.3 Ligação eletrostática

O modo de ligação eletrostática ocorre no caso de moléculas com carga positiva que se ligam à espinha dorsal de fosfato da cadeia de ADN com carga negativa (Fig. 1.9). Este tipo de ligação é geralmente fraco em condições fisiológicas. Catiões como o Mg^{2+} interagem normalmente desta forma [119].

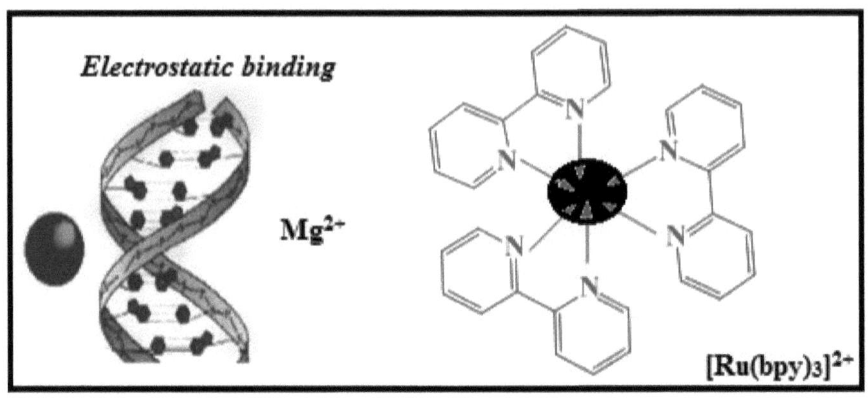

Figura 1.9. Interação eletrostática entre complexos metálicos/iões metálicos e ADN

10 Clivagem do ADN

Os complexos metálicos capazes de clivar ADN de cadeia dupla em condições fisiológicas são um processo crucial para a sua eficácia como agentes de diagnóstico na investigação farmacêutica e genómica [120]. Estes compostos são capazes de clivar ácidos nucleicos e podem encontrar muitas aplicações úteis e a clivagem é um processo crucial de todos os organismos vivos. É uma das facetas mais importantes da química bio-inorgânica e da conceção de medicamentos moleculares [121]. Além disso, oferece ferramentas proficientes em biologia molecular para estudar a estrutura e as funções do ADN [122]. Por exemplo, as enzimas topoisomerase resolvem problemas topológicos do ADN na replicação, transcrição e transacções celulares, clivando uma ou ambas as cadeias do ADN. As actividades de muitos fármacos anticancerígenos baseiam-se na sua capacidade de introduzir danos prolongados no ADN das células (afectadas) (*por exemplo, a bleomicina*), que podem desencadear a apoptose, conduzindo à morte celular.

10.1 Tipos de clivagem do ADN

A clivagem do ADN pode ter lugar *através de* dois processos especificamente diferentes: a clivagem hidrolítica e a clivagem oxidativa. Normalmente, a natureza consegue-o através da hidrólise das ligações fosfodiéster na espinha dorsal do ADN para formar um intermediário de cinco coordenadas, que pode ser catalisado por enzimas do núcleo. Na via hidrolítica, obtêm-se as extremidades 3'- e 5'- das novas cadeias de oligonucleótidos separadas, que podem ser previsíveis e religadas por enzimas da família das ligases (via hidrolítica). Além disso, os complexos metálicos com iões metálicos com forte acidez de Lewis podem confirmar a clivagem hidrolítica facial dos ácidos nucleicos, assemelhando-se assim à atividade das enzimas de restrição [123]. Por estas razões, a exploração e a conceção de complexos metálicos adequados para clivar o ADN em condições hidrolíticas é de grande importância [124]. Isto facilita a sua utilização nos domínios da biologia molecular e bio-inorgânica. O mecanismo de reação proposto para a hidrólise do ADN é apresentado na Fig. 10.1.1.

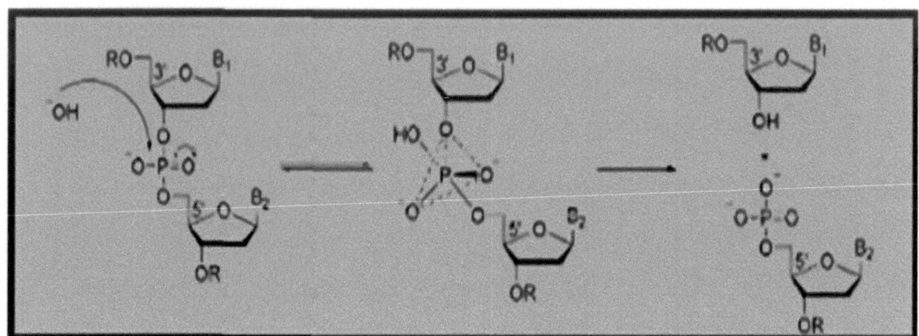

Figura 10.1.1 Mecanismo de reação proposto para a hidrólise do ADN

Na clivagem oxidativa do ADN, as alterações das nucleobases ou da unidade de açúcar desoxirribose, por abstração dos hidrogénios do açúcar ou por oxidação das nucleobases, podem dar origem a produtos de degradação em que, eventualmente, a ligação fosfodiéster também é quebrada. As reacções de clivagem oxidativa estão normalmente associadas a processos patológicos ou à ação de fármacos dirigidos ao ADN, uma vez que estas quebras de cadeias não podem ser facilmente ligadas por enzimas de processamento do ADN. A clivagem oxidativa é geralmente mediada pela presença de aditivos e agentes de clivagem do ADN foto-induzidos, *ou seja,* é necessário um agente externo como a luz ou o H_2O_2 para iniciar a clivagem. Este tipo de clivagem pode ocorrer tanto ao nível dos hidratos de carbono como ao nível das bases nucleicas. A clivagem oxidativa do ADN pode resultar na danificação das quatro nucleobases ou do açúcar desoxi ribose. Normalmente, as espécies de radicais hidroxilo de O_2 (OH^*) estão envolvidas neste tipo de clivagem [125]. O mecanismo de clivagem oxidativa ocorre de três formas: abstração de hidrogénio, adição e transferência de electrões.

Os complexos de metais de transição que visualizam a clivagem oxidativa do ADN têm potencial para aplicações terapêuticas e de impressão a pé. Este tipo de clivagem do ADN pode ser realizado através da atividade química do núcleo, na qual o complexo reage com um agente oxidante ou redutor externo para gerar espécies reactivas para a clivagem do ADN. Recentemente, os complexos de metais de transição que clivam o ADN por clivagem oxidativa são um dos processos mais importantes na química bio-inorgânica da PDT (Terapia Fotodinâmica) do cancro [126]. O mecanismo de clivagem oxidativa dos complexos de metais de transição é apresentado na figura seguinte (Fig. 10.1.2).

A técnica de eletroforese em gel da clivagem do ADN permite avaliar as alterações na conformação do ácido nucleico através das suas alterações na mobilidade do gel. Quando o ADN é conduzido por eletroforese, a migração mais rápida será observada para a forma superenrolada I (SC). Se uma das cadeias for clivada, a forma SC relaxará para produzir uma forma circular aberta-II (OC) de movimento lento. Se ambas as cadeias forem clivadas, uma forma-III (NC) cortada migrará entre elas [127]. O modelo estrutural das formas superenrolada, cortada e linear do ADN é apresentado na figura seguinte (Fig. 10.1.3).

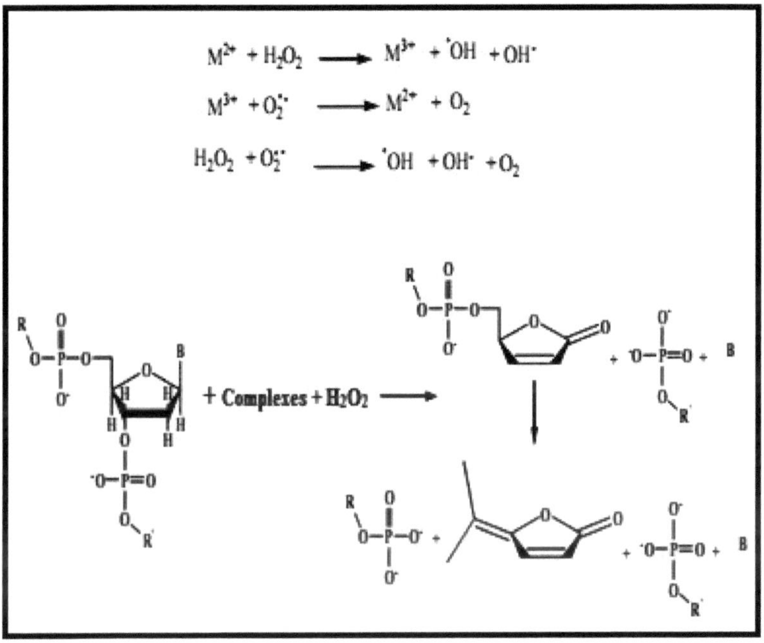

$$M^{2+} + H_2O_2 \longrightarrow M^{3+} + {}^{\bullet}OH + OH^-$$
$$M^{3+} + O_2^{\bullet-} \longrightarrow M^{2+} + O_2$$
$$H_2O_2 + O_2^{\bullet-} \longrightarrow {}^{\bullet}OH + OH^- + O_2$$

$$+ \text{Complexes} + H_2O_2 \longrightarrow$$

Figura 10.1.2 Mecanismo de clivagem oxidativa do ADN

A conceção de complexos metálicos de base de Schiff mais eficientes, menos tóxicos, estáveis e inertes, que apresentem maior afinidade com o ADN, é sempre uma área de investigação difícil. Estes complexos metálicos podem atuar como excelentes reagentes terapêuticos que exercem a sua ação biológica através de interações com o ADN [128, 129]. As interações com o ADN não são apenas a razão da atividade biológica destes complexos; no entanto, a sua reatividade, sensibilidade e constantes de ligação estão frequentemente relacionadas com o seu modo de interação com o ADN. Por estas razões, uma melhor compreensão dos factores que gerem a interação dos complexos metálicos (pequenas moléculas) com o ADN tem um papel significativo na conceção racional de diversos fármacos antitumorais orientados para o ADN e de sondas moleculares para o ADN. Nas últimas décadas, os complexos metálicos de base de Schiff têm despertado interesse pelas suas aplicações na deteção e análise do ADN, ligação do ADN, clivagem do ADN e acções biológicas [130-132].

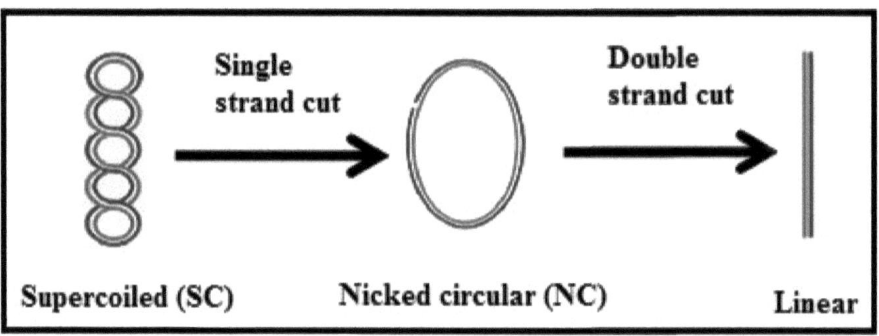

Figura 10.1.3 Modelo estrutural da super-bobina, da forma cortada e da forma linear do ADN

10.2 Complexos metálicos de base de Schiff como sondas químicas para o ADN

Nos complexos de metais de transição, *a cis-platina* é um dos fármacos à base de metais mais amplamente utilizados e bem conhecidos para a quimioterapia. Mas os complexos de Ru(II) e Cu(II) são considerados como as melhores alternativas à *cis-platina* como fármacos anticancerígenos. O ião metálico Cu(II) desempenha um papel importante nos sistemas biológicos e também nos fármacos farmacológicos [133]. Mais recentemente, Lu *et al.*

relataram a clivagem do ADN, a ligação e as propriedades anticancerígenas *in vitro* de novos complexos metálicos de Cu(II) sintetizados a partir da base de Schiff da 8-aminoquinolina e do 2-piridinocarboxaldeído [134]. Ao longo dos anos e até agora, os complexos metálicos de base de Schiff de Cu(II), Co(II), Ni(II) e Zn(II) são utilizados extensivamente para explorar as interações entre complexos metálicos e ADN. Além disso, Rajeswari *et al.* comunicaram as actividades de ligação covalente e não covalente do ADN, de clivagem do ADN e de citotoxicidade de complexos de Cu(II) de ligandos mistos de *1,10-fenantrenoquinona* com ligandos de base de Schiff de *fenolato/piridilo/(benz)imidazolilo* tridentados [135]. As actividades de ligação e clivagem do ADN do complexo de Cu(II), [Cu(sal-tau)(phen)]1.5 H_2 O [*sal-tau = uma base de Schiff derivada do salicilaldeído e da taurina, phen=1,10-fenantrolina*)], foram comunicadas por Li *et al.* (Fig. 10.2.1).

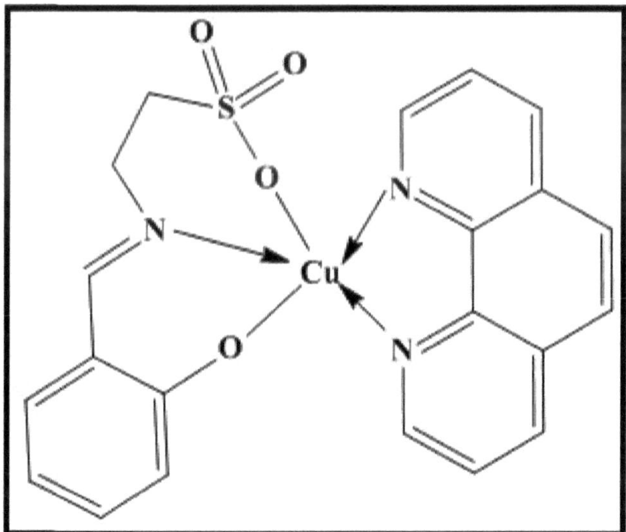

Figura 10.2.1. Estrutura química do complexo de base de Schiff de Cu(II)

Os complexos de cobalto também aumentaram o interesse pela sua importância no domínio biológico. Nas últimas décadas, muitos relatórios revelam que os complexos de hexamina-cobalto induzem a condensação do ADN [136] e podem ser utilizados para sondar os hairpins do ADN. Alguns dos complexos de Co(II), tais como [Co(tfa)(happ)], são conhecidos por funcionarem como sondas específicas para as protuberâncias do DNA devido à sua capacidade de clivar o DNA de forma específica. Gust *et al.* relataram que os complexos de [1,6-bis(2-hidroxifenil)-3,4-diaril-2,5-diazahexa-1,5-dieno]cobalto(II) representam uma nova classe de complexos metálicos activos antitumorais. Mostraram uma elevada atividade antiproliferativa contra os cancros da mama MCF-7 *(Michigan Cancer Foundation-7)* e MDA-MB 231 sensíveis às hormonas, bem como contra as células de cancro da próstata LNCaP/FGC [137].

Recentemente, Manikandan *et al.* (Fig. 10.2.2) efectuaram estudos de ligação/clavagem de ADN, ligação de BSA (albumina de soro bovino), estudos antioxidantes e de citotoxicidade do complexo de base de Schiff de Co(II). As interações dos complexos com o ADN foram exploradas por espetroscopia de fluorescência, o que indica que os complexos podem ligar-se ao ADN *por* intercalação. Além disso, os complexos também apresentaram excelentes actividades de eliminação de radicais em relação aos ligandos e aos anti-oxidantes padrão. A citotoxicidade dos complexos no ensaio MTT *(Microculture Tetrazolium)* mostrou que os complexos apresentavam uma atividade mais elevada do que os seus ligandos de origem e a *cis-platina* padrão previsível em ambas as linhas celulares utilizadas para a investigação [138].

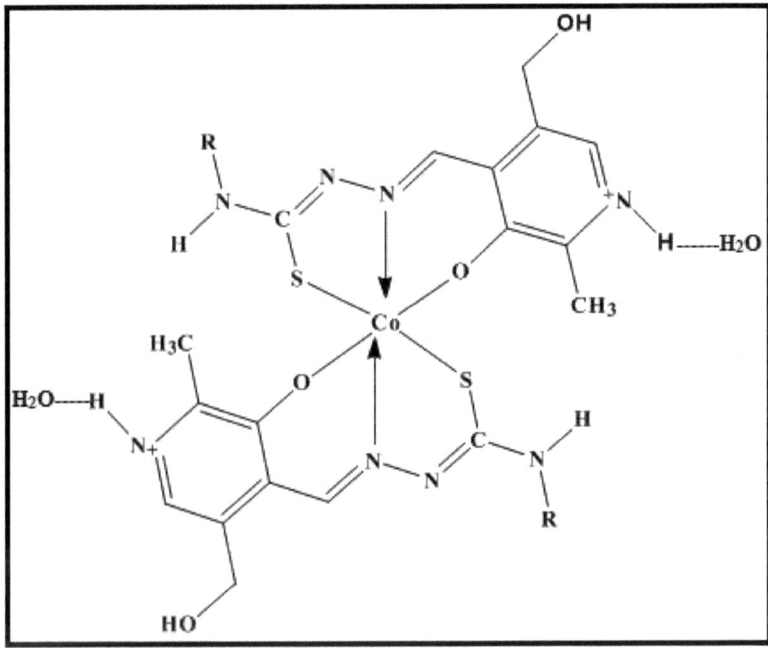

Figura 10.2.2. Estrutura química do complexo de base de Schiff de Co(II)

Tal como o cobre e o cobalto, os complexos de níquel têm sido amplamente divulgados pelas suas aplicações no domínio farmacêutico. O níquel é um elemento essencial de certas metalo-proteínas, mas simultaneamente um carcinogéneo ambiental que causa danos no ADN e ligações cruzadas proteína-ADN. Os complexos de níquel têm duas caraterísticas em comum com os principais fármacos quimioterapêuticos: a capacidade de ligação direta do metal ao N7 da guanina e a capacidade de catalisar danos oxidativos nos ácidos nucleicos. Verificou-se que as espécies de níquel de elevada valência podem também mediar a clivagem oxidativa do ADN através de uma sequência específica de metalo-proteínas concebidas. Vários investigadores concluíram que os complexos de Ni(II) se ligam covalentemente à posição N7 da guanina e da adenina. A carcinogénese induzida pelo níquel envolve a oxidação do Ni(II) em Ni(III) por oxidantes intracelulares, como o H O$_{22}$. Esta oxidação do níquel, presumivelmente através de reacções do tipo Fenton, resulta na formação de espécies reactivas de oxigénio, causando assim danos oxidativos no ADN.

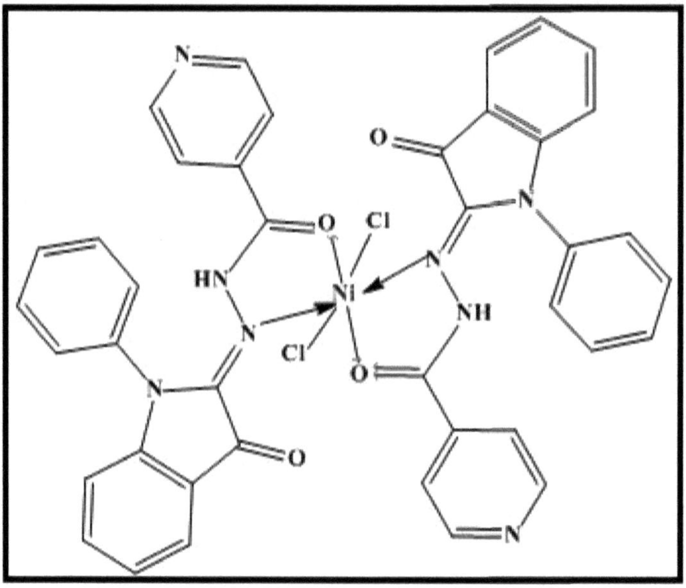

Figura 10.2.3 Estrutura química do complexo de base de Schiff de Ni(II)

As propriedades electroquímicas, de hidrólise de fosfatos, de ligação ao ADN e de clivagem do ADN de complexos mistos de diníquel(II) com bases heterocíclicas N,N-dadoras e 1,10-fenantrolina foram exploradas e comunicadas por Anbu *et al.* [139]. Os dados de ligação sugerem o modo intercalativo dos complexos com o ADN. Além disso, os complexos de Ni (II) exibem clivagem hidrolítica significativa do pBR322DNA superenrolado em pH 7,2 e 37 °C. Mais recentemente, Gomathi *et al.* relataram a ligação ao DNA, clivagem e atividade citotóxica do complexo de base de Schiff de Ni (II) de *1-fenilindolina-*

2, 3-diona com isonicotino-hidrazida (Fig. 10.2.3). Com base nos estudos de ligação ao ADN, clivagem e citotoxicidade, verificou-se que o complexo de Ni(II) é um bom agente anticancerígeno contra a linha celular AGS- (adenocarcinoma do cancro gástrico) [140].

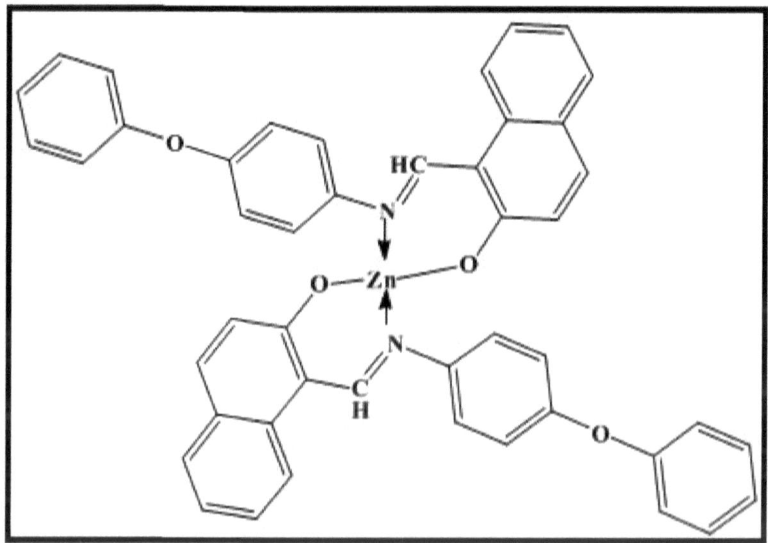

Figura 10.2.4 Estrutura química do complexo de base de Schiff de Zn(II)

Juntamente com os complexos de cobre, cobalto e níquel, os complexos de zinco também se juntaram ao tratamento do ADN *através de* mecanismos de clivagem e ligação. O zinco é um núcleo ativo do local de ligação de algumas metaloenzimas. Já foi referido que a capacidade de intercalação do complexo de zinco estava envolvida na planaridade dos ligandos, na geometria de coordenação, no tipo de átomo dador do ligando e no tipo de ião metálico [141]. Deste modo, o desenvolvimento de agentes de ligação e clivagem do ADN mais específicos, menos tóxicos, estáveis, sintéticos e específicos para o próprio ADN e para novos fármacos antitumorais potencialmente dirigidos ao ADN é necessário para futuras aplicações esperadas nos domínios da biologia molecular e da medicina. Neste contexto, a capacidade de ligação ao ADN dos complexos de coordenação de Zn(II) que utilizam ligandos de base de Schiff derivados de aminoácidos foi objeto de um estudo aprofundado, tendo-se verificado que são potentes agentes de intercalação e clivagem do ADN, tal como referido por Inamdar *et al*.

Além disso, mais recentemente, Niu *et al*. comunicaram a citotoxicidade e a interação com o ADN/proteínas do complexo de base de Schiff de Zn(II) (Fig. 10.2.4). As interações deste complexo metálico com CT-DNA (Calf Thymus- DNA) foram investigadas por espetroscopia UV-Vis, fluorescência e CD (dicorismo circular) e os resultados indicam que este complexo é metalointercalador e pode interagir com CT-DNA (Calf Thymus-DNA). Além disso, a citotoxicidade *in vitro* deste complexo para várias linhas de células tumorais foi testada pelo método MTT. Os resultados mostraram que a maioria destes complexos metal-base de Schiff apresentam uma maior citotoxicidade do que os ligandos de base de Schiff, o que implica claramente um efeito sinérgico positivo [142].

Referências

[1] M.A. Green, H. Luo e P.E. Fanwick, *Inorg. Chem.*, **37** (1998) 1127.

[2] J.C. Pessoa, I. Cavaco, I. Correia, D. Costa, R.T. Henriques e R.D. Gillard, *Inorg. Chim. Ata*, **305** (2000) 7.

[3] T.D. Thangadurai, G. Gowri e K. Natarajan, *Synth. React. Inorg. Met.-Org. Chem*, **32** (2002) 329.

[4] R. Ramesh e M.S. Sundari, *Synth. React. Inorg. Met.-Org. Chem.*, **33** (2003) 899.

[5] Q.S. Zhang, Q.G. Zhou, Y.X. Cheng, L.X. Wang, D.G. Ma, X.B. Jing e F.S. Wang, *Adv. Mater.*, **16** (2004) 432.

[6] R. Ramesh e S. Maheswaran, *J. Inorg. Biochem*, **96** (2003) 457.

[7] K. Singh, Y. Kumar, P. Puri, M. Kumar e C. Sharma, *Euro. J. Med. Chem.*, **52** (2012) 313.

[8] K.K. Oza, P.N. patel, H.S. Patel, *Chin. Chem. Lett.*, **22** (2011) 935.

[9] J.E. Huheey, E.A. Keiter, R.L. Keiter e O.K. Medhi, *Inorganic Chemistry: Principles of Structure and Reactivity*, Índia (2006).

[10] A.A. Warra, *J. Chem. Pharm. Res.*, (2011) 3951.

[11] J. Balsells, L. Mejorado, M. Phillips, F. Ortega, G. Aguirre, R. Somanathan e P.J. Walsh, *Tetra. Asymm.*, **9** (1998) 4135.

[12] Y.K. Vaghasiya, R.S. Nair, M. Baluja e S. Chanda, *J. Serb. Chem. Soc.*, **69** (2004) 991.

[13] J.F. Geldard e F. Lions, *Inorg. Chem.*, **4** (1965) 414.

[14] C.G. Zhang, D. Wu, C.X. Zhao, J. Sun e X.F. Kong, *Trans. Met. Chem.*, **24** (1999) 718.

[15] S.C. Bell, G. L. Conklin e S. J. Childress, *J. Am. Chem. Soc.*, **85** (1963) 2868.

[16] W.R. Paryzek, V. Patroniak e J. Lisowski, *Coord. Chem. Rev.* **249** (2005) 2156.

[17] M. Nath e P.K. Saini, *Dalton Trans.,* **40** (2011) 7077.

[18] Z.C. Liu, B.D. Wang, Z.Y. Yang, Y. Li, D.D. Qin e T.R. Li, *Euro. J. Med. Chem.,* **44** (2009) 4477.

[19] P. Krishnamoorthy, P. Sathyadevi, P.T. Muthiah e N. Dharmaraj, *RSC Adv.,* **2** (2012) 12190.

[20] C. Rajarajeswari, R. Loganathan, M. Palaniandavar, E. Suresh, A. Riyasdeen e M.A. Akbarsha, *Dalton Trans.,* **42** (2013) 8347.

[21] E. Tas, A. Kilic, N. Konak e I. Yilmaz, *Polyhedron,* **27** (2008) 1024.

[22] G. Wachtershauser, *Microbiol. Rev.,* **52** (1988) 452.

[23] K.L. Haas e K.J. Franz, *Chem. Rev.,* 109 (2009) 4921.

[24] M.S. Willis, S.A. Monaghan, M.L. Miller, R.W. McKenna, W.D. Perkins, B.S. Levinson, V. Bhushan e S.H. Kroft, *Am. J. Clin. Pathol,* **123** (2005) 125.

[25] E.D. Harris, *Nutr. Rev.,* **59** (2001) 281.

[26] J.L. Groff, S.S Gropper e S.M. Hunt, *Advanced Nutrition and Human Metabolism,* West Publishing Company, Nova Iorque, (1995).

[27] C.A. Rottkamp, A. Nunomura, A.K. Raina, L.M. Sayre, G. Perry e M.A. Smith, *Alzheimer. Dis. Assoc. Disord.,* **14** (2000) 62.

[28] W.R. Walker e B.J. Griffin, *Search,* **7** (1976) 100.

[29] J.R.J. Sorenson, *J. Med. Chem.,* **19** (1976) 135.

[30] K. Yamada, *Met. Ions Life Sci.,* **13** (2013) 295.

[31] J.M. Antonini, *Cri. Rev. Toxi,* **33** (2003) 61.

[32] D.J. Barceloux, *J. Toxicol. Clin. Toxicol.,* **37** (1999) 201.

[33] E.L. Chang, C. Simmers e D.A. Knight, *Pharmaceuticals,* **3** (2010) 1711.

[34] G. Jaouen, *Bioorganometallics: Biomolecules, Labeling, Medicine,* Wiley, Weinheim (2006).

[35] R.K. Szilagyi, P.A. Bryngelson, M.J. Maroney, B. Hedman, K.O. Hodgson e E.I.Solomon, *J. Am. Chem. Soc.,* **126** (2004) 3018.

[36] H. Kim e R. J. Maier, *J. Bioi. Chem.,* **265** (1990) 18729.

[37]   M.R. Broadley, P.J. White, J.P. Hammond, I. Zelko e A. Lux, *New Phytologist,* **173** (2007) 677.

[38]   A.S. Prasad, *Mol. Med.,* **14** (2008) 353.

[39]   L.M. Plum, L. Rink e H. Haase, *Int. J. Environ. Res. Public. Health,* **7** (2010) 1342.

[40]   K.M. Hambidge e N.F. Krebs, *J. Nutr.,* **137** (2007) 101.

[41]   B.K. Bitanihirwe e M.G. Cunningham, *Synapse,* **63** (2009) 1029.

[42]   A.H. Shankar e A.S. Prasad, *Am. J. Clin. Nutr.,* **68** (1998) 447.

[43]   S.H. Laurie, *Handbook of Metal-Ligand Interaction in Biological Fliuds: Bioinorganic Chemistry*, Nova Iorque (1995).

[44]   M. Shamsi, S. Yadav e F. Arjmand, *J. Photochem. Photobiol. B.,* **136** (2014) 1.

[45]   Z.H. Chohan, M. Arif e M. Sarfraz, *Appl. Organomet. Chem.,* **21** (2007) 294.

[46]   M.A. Neelakantan, R. Rusalraj, J. Dharmaraja, S. Johnsonraja, T. Jeyakumar e M.S. Pillai, *Spectrochim. Ata Part A,* **71** (2008) 1599.

[47]   B. Alberts, D. Bray, J. Lewis, M. Raff, K. Roberts e J. Watson, *Molecular Biology of the Cell*, Nova Iorque (1994).

[48]   Y. Gnowen, X. Xiaping, T. Huan e Z. Chenxue, *Yingyoung Huaxue,* **12** (1995) 13.

[49]   L. Sakiyan, E. Logoglu, S. Arslan, N. Sari e N. Sakiyan, *Biometals,* **17** (2004) 115.

[50]   P. Deschamps, P.P. Kulkarni, M.G. Basak e B. Sarkar, *Coord. Chem. Rev.,* **249** (2005) 895.

[51]   K. Rahman, *Clin. Interv. Aging,* **2** (2007) 219.

[52]   P. Deschamps, P.P. Kulkarni, M.G. Basak e B. Sarkar, *Coord. Chem. Rev.,* **249** (2005) 895.

[53] M. Kawahara, Y. Sadakane, H. Koyama, K. Konoha e S. Ohkawara, *Metallomics,* **5** (2013) 453.

[54] Y.K. Vaghasiya, R.S. Nair, M. Baluja e S. Chanda, *J. Serb. Chem. Soc.,* **69** (2004) 991.

[55] K. Vashi e H.B. Naik, *Eur. J. Chem.,* **1** (2004) 272.

[56] Z.H. Chohan, S.H. Sumrra, M.H. Youssoufi e T.B. Hadda, *Euro. J. Med. Chem.,* **45** (2010) 2739.

[57] A. Nagajothi, A. Kiruthika, S. Chitra e K. Parameswari, *Int. J. Res. Pharmaceut. Biomed. Sci.,* **3** (2012) 1768.

[58] N.P. Priya, *Int. J. Appl. Biol. Pharmaceut. Technol.,* **2** (2011) 538.

[59] K.J.B. Victory, K.U. Sherin e M.K.M. Nair, *Res. J. Pharmaceut. Biolog. Chem. Sci.,* **2** (2010) 324.

[60] T. Rosu, E. Pahontu, C. Maxim, R. Georgescu, N. Stanica e A. Gulea, *Polyhedron,* **30** (2011) 154.

[61] G.G. Mohamed, M.M. Omar e A.A. Ibrahim, *Euro. J. Med. Chem.,* **44** (2009) 4801.

[62] B. Manjula, S.A. Antony, Res. J. Chem. Sci., **3** (2013) 22.

[63] J.F. Geldard e F. Lions, *Inorg. Chem.,* **4** (1965) 414.

[64] S. Adsule, V. Barve, D. Chen, F. Ahmed, Q.P. Dou, S. Padhye e F.H. Sarkar, *J. Med. Chem,* **49** (2006) 7242.

[65] D. Cunningham, J. Fitzgerald e M. Little, *Dalton Trans.,* **9** (1987) 2261.

[66] A. Terenzi, R. Bonsignore, A. Spinello, C. Gentile, A. Martorana, C. Ducani, B. Hogberg, A.M. Almerico,A. Lauria e G. Barone, *RSC Adv.,* **4** (2014) 33245.

[67] S. Kumar, D.N. Dhar e P.N. Saxena, *J. Sci. Ind Res.,* **68** (2009) 181.

[68] W.A. Zoubi, *Int. J. Org. Chem.,* **3** (2013) 73.

[69] P. Li, M. Niu, M. Hong, S. Cheng, J. Dou, *J. Inorg. Biochem.* **137** (2014) 101.

[70] Y. Zhang, P.C. Hu, P. Cai, F. Yang e G.Z. Cheng, *RSC Adv.*, **5** (2015) 11591.

[71] H.B. Shivarama, M. Mahalinga, K.M. Sithambaram, B. Poojary, A.P. Mohammed e K.N. Suchetha, *Eur. J. Med. Chem.*, **40** (2005) 1173.

[72] K.C. Gupta e A.K. Sutar, *Coord. Chem. Rev.*, **252** (2008) 1420.

[73] N. Kocak, M. Sahin, S. Kücükkolbasi e Z.O. Erdogan, *Int. J. Biol. Macromol.*, **51** (2012) 1159.

[74] Y.P. Tian, C.Y. Duan, X.Z. You, T.C.W. Mak, Q. Luo e J.Y. Zhou, *Trans. Met. Chem.*, **23** (1998) 17.

[75] O.A.M. Ali, *Spectrochim. Ata Part A,* **132** (2014) 52.

[76] K.S. Suslick e T.J. Reinert, *J. Chem. Educ.*, **62** (1988) 974.

[77] C.T. Barboiu, M. Luca, C. Pop, E. Brewster, M.E. Dinculescu, *Eur. J. Med. Chem.*, **31** (1996) 597.

[78] P. Mendu, C.G. Kumari e R Ragi, *J. Fluoresc.*, **25** (2015) 369.

[79] M.A. Neelakantan, M. Esakkiammal, S.S. Mariappan, J. Dharmaraja e T. Jeyakumar, *Indian. J. Pharm. Sci.*, **72** (2010) 216.

[80] H. Zafar, A. Ahmad, A.U. Khan e T.A. Khan, *J. Mol. Struct,* **1097** (2015) 129.

[81] M. Shakir, S. Hanif, M.A. Sherwani, O. Mohammad e S.I. Al-Resayes, *J. Mol. Struct,* **1092** (2015) 143.

[82] G. Kumar, S. Devi, R. Johari e D. Kumar, *Eur. J. Med. Chem.*, **52** (2012) 269.

[83] M.A. Alaghaz, M.E. Zayed, S.A. Alharbi, R.A.A. Ammar e A. Elhenawy, *J. Mol. Struct.*, **1084** (2015) 352.

[84] S. Chandra, P. Vandana e S. Kumar, *Spectrochim. Ata Part A,* **135** (2015) 356.

[85] S.A. Patil, C.T. Prabhakara, B.M. Halasangi, S.S. Toragalmath e P.S. Badami, *Spectrochim. Ata Part A,* **137** (2015) 641.

[86] J.D. Vita, V.T. Samuel e H. Steven, *Cancer - Principles and Practice of Oncology*, Nova Iorque (2005).

[87] P.B. Babasaheb, S.G. Shrikant, G.B. Ragini, V.T. Jalinder e N.K. Chandrahas, *Bioorg. Med. Chem,* **18** (2010) 1364.

[88] D. Mohanambal, S.A. Antony e C. Rohini, *World. J. Pharm. Pharma. Scien.,* **3** (2015) 906.

[89] B. Duff, V.R. Thangella, B.S. Creaven, M. Walsh e D.A. Egan, *Euro. J. Pharmaco,* (No prelo).

[90] R. Alizadeh, I. Yousuf, M. Afzal, S. Srivastav, S. Srikrishna e F. Arjmand,

J. Photochem. Photobiol. B., **143** (2015) 61.

[91] E.N.M. Yusof, T.B.S.A. Ravoof, J. Jamsari, E.R.T. Tiekink, A. Veerakumarasivam,   K

. A. Crouse, M. Ibrahim, M. Tahir e H. Ahmad, *Inorg. Chim. Ata,* **438** (2015) 85.

[92] M.R. Karekal, V. Biradar e M.B.H. Mathada, *Bioinorg. Chem. Applic.,* **2013** (2103) 1.

[93] T.S. Kamatchi, N. Chitrapriya, H. Lee, C. F. Fronczek, F.R. Fronczek e K. Natarajan, *Dalton Trans.,* **41** (2012) 2066.

[94] S. Tabassum, S. Amir, F. Arjmand, C. Pettinari, F. Marchetti, N. Masciocchi, G. Lupidi e R. Pettinari, *Eur. J. Med. Chem.,* **60** (2013) 216.

[95] H.A.R. Pramanik, P.C. Paul, P. Mondal e C.R. Bhattacharjee, *J. Mol. Struct,* **1100** (2015) 496.

[96] M. Shamsi, S. Yadav e F. Arjmand, *J. Photochem. Photobiol. B.,* **136** (2014) 1.

[97] M.J. Hannon, *Chem. Soc. Rev.,* **36** (2007) 280.

[98] A.M. Macmillan, *Pure Appl. Chem.,* **76** (2004) 1521.

[99] M. Pragathi e K.H. Reddy, *Inorg. Chim. Ata,* 413 (2014) 174.

[100] G. Zuber, J.C. Quadajr e S.M. Hecht, *J. Am. Chem. Soc.*, **120** (1998) 9368.

[101] Y.M. Song, X.I. Lu, M.L. Yang e R.R. Zheng, *Trans. Met. Chem,* **30** (2005) 499.

[102] M.F. Braña, M. Cacho, A. Gradillas, B. Pascual-Teresa e A. Ramos, *Curr. Pharm. Des.*, **7** (2001) 1745.

[103] W. Saenger, *Principles of Nucleic Acid Structure*, Nova Iorque (1984).

[104] A.J.F. Griffiths, W.M. Gelbart e J.H. Miller, *Modern Genetic Analysis*, Nova Iorque (1999).

[105] T.K. Goswami, S. Gadadhar, B. Gole, A.A. Karande e A.R. Chakaravarty, *Eur. J. Med. Chem.*, **63** (2013) 800.

[106] A. Zijno, I.D. Angelis, B.D. Berardis, C. Andreoli, M.T. Russo, D Pietraforte, G. Scorza P. Degan, J. Ponti, F. Rossi e F. Barone, *Toxicology In-vitro,* **29** (2015) 1503.

[107] V. Uma, V.G. Vaidyanathan e B.U. Nair, *Bull. Chem. Soc. Japan,* **78** (2005) 845.

[108] W. Szczepanik, J. Ciesiolka, J. Wrzesinski, J. Skala e M. Jezowska-Bojczuk, *Dalton Trans.,* **8** (2003) 1488.

[109] P. Jayaseelan, S. Prasad, S. Vedanayaki e R. Rajavel, *Arabian J. Chem.,* (2011) (No prelo).

[110] S. Arturo, B. Giampaolo, R. Giuseppe, L.G. Maria e T.J. Salvatore, *J. Inorg. Biochem,* **98** (2004) 589.

[111] J.A. Cowan, *Curr. Opin. Chem. Biol,* **5** (2001) 634.

[112] L.N. Ji, X.H. Zou e J.G. Liu, *Coord. Chem. Rev.*, **216** (2001) 513.

[113] H. Kumar, V. Devaraji, R. Prasath, M. Jadhao, R. Joshi, P. Bhavana e S.K. Ghosh, *Spectrochim. Ata Part A,* **151** (2015) 605.

[114] X. Yue, Y. Chen, G. Yang, S. Yue e Z. Su, *Syn. Met.,* **200** (2015) 1.

[115] C. Moucheron, A.K.D. Mesmaeker e S. Choua, *Inorg. Chem.*, **36** (1997) 584.

[116]   H. Mei e J. Barton, *J. Am. Chem. Soc.*, **108** (1986) 7414.

[117]   B.A. Armitage, *Top Curr. Chem.*, **253** (2005) 55.

[118]   J.C. Wang, *J. Mol. Biol.*, **89** (1974) 783.

[119]   J. Kelly, A. Tossi e D. Mccomell, *Nucl. Acids Res.*, **13** (1985) 6017.

[120]   S.J. Lippard, *Biochemistry,* **42** (2003) 2664.

[121]   Y. Jin e J.A. Cowan, *J. Am. Chem. Soc.*, **127** (2005) 8408.

[122]   M.J. Fernandez, B. Wilson, M. Palacios, M.M. Rodrigo, K.B. Grant e A. Lorente, *Bio conjugate Chem,* **18** (2007) 121.

[123]   S.E. Wolkenberg e D.L. Boger, *Chem. Rev.*, **102** (2002) 2477.

[124]   M. S. Nair, D . Arish e R.S. Joseyphus, *J. Saudi Chem. Soc.,* **16** (2012) 83.

[125]   M.S.S. Babu, K.H. Reddy e G.K. Pitchika, *Polyhedron,* **26** (2007) 572.

[126]   L.J.K. Boerner e J.M. Zaleski, *Curr. Opin. Chem. Biol,* **9** (2005) 135.

[127]   S. Parveen, F. Arjmand e I. Ahmad, *J. Photochem. Photobiol. B.,* **130** (2014) 170.

[128]   F. Arjmand, S. Parveen, M. Afzal e M. Shahid, *J. Photochem. Photobiol. B.,* **114** (2012) 15.

[129]   S. Tabassum, M . Zaki, M. Afzal e F. Arjmand, *Eur. J. Med. Chem.,* **74** (2014) 509.

[130]   R. Alizadeh, M. Afzal e F. Arjmand, *Spectrochim. Ata Part A,* **131** (2014) 625.

[131]   M.A. Ragheb, M. A. Eldesouki e M.S. Mohamed, *Spectrochim. Ata Part A,* **138** (2015) 585.

[132]   B. Anupama, M. Sunita, D.S. Leela, B. Ushaiah e C.G. Kumari, *J. Fluoresc.,* **24** (2014) 1069.

[133]   I. Kostoval e L. Saso, *Curr. Med. Chem.,* **20** (2013) 4609.

[134]   J. Lu, Q. Sun, J.L. Li, L. Jiang, W. Gu, X. Liu, J.L. Tian e S.P. Yan, *J. Inorg. Biochem.,* **137** (2014) 46.

[135]   C. Rajarajeswari, M. Ganeshpandian, M. Palaniandavar, A. Riyasdeen e M.A. Akbarsha, *J. Inorg. Biochem,* **140** (2014) 255.

[136]   J. Widom e R.L. Baldwin, *J. Mol. Biol.,* **144** (1980) 431.

[137]   R. Gust, I. Ott, D. Posselt e K. Sommer, *J. Med. Chem,* **47** (2004) 5837.

[138]   R. Manikandan, P. Viswanathamurthi, K. Velmurugan, R. Nandhakumar, T. Hashimoto e A. Endo, *J. Photochem. Photobiol. B.,* **5** (2014) 130.

[139]   S. Anbu, S. Shanmugaraju e M. Kandaswamy, *RSC Adv.,* **2** (2012) 5349.

[140]   R. Gomathi, A. Ramu e A. Murugan, *Bioinorg. Chem. Appl.,* **2014** (2014) 215392.

[141]   D. Campisi, T. Morii e J.K. Barton, *Biochemistry,* **33** (1994) 4130.

[142]   M.J. Niu, Z. Li, G.L. Chang, X.J. Kong, M. Hong e Q. Zhang, *PLoS One.,* **10** (2015) e0130922.

Printed by Books on Demand GmbH, Norderstedt / Germany